はじめに

　日本のエネルギー政策は、今のままでは危ないと、多くの人々が不安を感じています。19世紀から20世紀は明らかに化石燃料に依存した高度工業社会でした。石炭からはじまった産業革命は、石油文明で頂点に達し、自動車、家電製品、化学製品、衣服から薬品に至る身の回りのほとんどが、石油資源から産み出されるという時代になったのです。

　しかし、そのために限りある地球の資源や生態系は、かつてない大きな困難に直面してしまっています。だれもが、気象の変調を感じています。だれもが、温暖化による環境破壊や感染症の蔓延を恐れています。だれもが、農薬や化学物質によってガンになる不安を抱えています。3・11東日本大震災や、震度7が連続した熊本地震の悲劇的な体験を経て、今のままではいけないと感じているはずです。

　しかし、何をどうしていいのか、よくわからないまま、火力発電所はフル稼働して莫大な電力を生み出していますし、原発も再稼働しはじめています。農薬、除草剤などの化学薬品やプラスチックをはじめとする石油製品で環境はますます汚染されているのです。

　一方、日本の森がとても荒廃しているという話をよく耳にします。農業に従事する方々は高齢化し、漁業資源もおそらく乱獲が原因で、21世紀に入ってから数を減らしています。

　みんなが不安を抱えているのだけれど、不便な生活はいやだし電気が止まっては困るという気持ちをもっています。環境を守りながらも、現在の快適な生活レベルを維持する方法はないのでしょうか。

これほど多くの課題を抱えたエネルギー問題を、独自の視点から解決しようと取り組んでおられる、革新的な企業があるとうかがったので、東京のＪＲ神田駅近くにあるオフィス（株式会社東日本土地開発）をお訪ねし、立花義信会長にお話をうかがってきました。
　立花会長は、バイオマス発電、太陽光発電、小水力発電、風力発電とこれまで知られている再生エネルギーに加え、独創的な発想で、これらを有機的に結びつけ、新しいエネルギータウンを実現しようとしておられます。

　立花会長のお話をうかがってまず驚いたのは、大きな課題である電力エネルギー問題と、荒廃した森林を再生させる課題とが、実は同じプロセスによって解決されるという、目から鱗のような発想でした。ひとつも無駄にしてはいけない、すべてを生かしきる、これが立花会長の発想の原点にあるに違いないと、お話をうかがいながら感じたのです。

― 目　次 ―

　　　　はじめに　　　　1

1．日本を再生させる美しい森　　　5

2．立花 義信氏の洞察と実践　　　13

3．太陽光発電　　　21

4．地産地消発電　　　27

5．植物工場とハウス栽培　　　35

6．セルロースナノファイバー　　　41

7．本物の循環型社会の実現　　　45

8．森林の現状とCLT新素材　　　57

1．日本を再生させる美しい森

日本は世界でも有数の森林大国です。国土面積の７割弱を森林が占め、北海道から沖縄まで、どこに行っても美しい緑を目にすることができます。日本にいるとあたり前のように思っていますが、これほど豊かな森林をもつ国は世界でも稀なのです。まさに日本が世界に誇りうる財産です。しかも樹木の種類も多彩で、多くの虫や獣や鳥たちを養い、そして、すべての生態系の基礎となる微生物や菌類も豊富です。これは温暖で湿潤多雨な日本の地理的条件の賜物だといっても過言ではありません。

　ところが、その日本の森が今たいへんな危機に瀕しています。表向きは緑豊かに見えながら、多くの森に人の手が入らず、伐採も下草の手入れもなされないまま、荒れ放題になっているというのです。放置された森は、枝が張りすぎて光が届かず、木が細いままひょろひょろと背だけが伸び、根も浅いまま地表が硬く脆くなって、水を蓄える力が弱くなっています。大雨が降るとすぐに鉄砲水となってふもとの村や町を襲うのです。

　でも、ちょっと待ってください。よく考えてみてみると、森林は、人類が出現する何千万年、何億年も前から緑の葉を茂らせ、草食動物を養い、膨大な酸素を供給してきました。それは人間の力など借りずに、森が、文字通り自然の森として生きてきた証しです。自然の森とは、膨大な数の生物が棲み、豊かな生態系をつくり、生と死のサイクルが織りなす、まさにゆりかごのようなところなのです。

　すると問題になっているのは原生林などの自然の森ではなく、人間が自分たちの利益追求のために植えた人工の森だということがわかっ

1. 日本を再生させる美しい森

てきます。自然の森を天然林、人工の森を人工林と呼びますが、現在、日本の森の約4割強が人工林だといわれています。

　このように人工林が増えたのは、太平洋戦争のあと、膨大な数の広葉樹など自然の樹木が切り倒され、代わってまっすぐに伸びる建材用のスギ、ヒノキ、カラマツなどを植樹したからに他なりません。ところが1980年に入ってから外国産の木材が安く輸入されるようになると、採算の取れない人工林は急速に放置されるようになったのです。

　森林の真の姿、本来の生態系を無視した林野行政が最大の要因でありましょうが、今、私たちが取り組まなくてはならないのは、かつての奇跡のような日本の森を、少しでも豊かな、より美しい森としてよみがえらせ、育んでいくことではないでしょうか。
　ついでに言えば、現在日本で、これほど多くの人たちが花粉症で苦しんでいるのも、戦後植えられた膨大な数のスギやヒノキから舞い上がる花粉が原因物質になっているからです。
　森林の類別を自然のままの天然林と人の手が入った人工林の二つに大別しましたが、実はこれも正確ではありません。人類誕生以前の森林は、すべて**「原生林」**でした。

　原生林は、うっそうたる下草に覆われ、人など容易に入れないような森を指しますが、そこには多くの鳥や獣が暮らし、キノコ類や菌類が生え、複雑な生態系を維持してきました。ここで大切なことは、原生林の内部世界は見事なまでに緻密な網の目のごとき生態系を編み上げていることです。人間の入る余地はありません。熱帯の熱帯雨林や日本の原生林など世界にまだ残る原生林をできるだけ手付かずの状態で維持できなければ、この地球に暮らす多様な生命系は急速に失わ

れ、やがてその大半が絶滅するだろうといわれます。**生物の多様性は、地球の生態系にとって根源的な意味**をもっています。

　単一種ではなく、できる限り多くの種類の多様の生命体が網の目のように複雑にかかわることによってのみ、**生命は全体として安定性を確保できる**のです。だからこそ進化の過程でこれほどの多種多様の生命が出現したに違いありません。このポイントはきちんと押さえておかないと、やがて取り返しのつかないことになるだろうと思われます。

　人間と人間に親しい動植物だけが暮らせる生態系などというものは、本来あり得ません。人間の手がまったく入っていない自然の森をできるだけそのままの形で残さなければならないのはいうまでもありません。人が容易に入れないという意味で、そこは**「奥山」**とか**「深山(みやま)」**とも呼ばれます。

美しい日本の原生林

1．日本を再生させる美しい森

　一方、逆に天然林であっても人の手が入っている森があります。それは奥山と人が暮らす村との接する境界に置かれた森で、それを**「里山」**といいます。人の手が入った森を天然林と呼ぶことは不思議な気もしますが、そこには自然の森と人間の長いつきあいのあいだに育った**「共生」**という考えが根本にあったからです。奥山の鳥や獣たちも里山に降りてきて餌をとったり、一方で、村人がキノコをとりに森に入ったり、薪を炭にしたりということが盛んに行われていました。現在もなお里山は日本各地に残っていますが、ゴルフ場になったり、粗大ゴミの廃棄場と化している悲惨な例があとをたちません。

　里山を理想的な形で維持するためには、人間の介入は不可欠です。少しずつ手をかけ、里山の森を維持していかないと、やがて荒廃した雑木林になってしまうのです。各地の植生によっても異なりますが、もっとも理想的なのは、落葉樹（広葉樹）林の状態で安定させることです。落葉する葉は、昆虫やミミズなどの小動物、それから菌類やバクテリアの働きを通して腐葉土となり、やがて栄養豊富な**「土壌」**が形成されます。

　日本は高山帯や寒冷地をのぞけば、基本的に広葉樹の世界であって、たくさんの広葉樹が秋になると紅葉し、落葉して、それが土を作っているのだというのが、もう一つのポイントです。岩石が砂状になったものでなく、枯葉が土に還ったものこそが、栄養に富んだ土壌なのです。やがてそれは渓流に乗って流れ下り、やがて平地に堆積して豊かな平野をつくりあげるのです。

　日本は世界にも類を見ない森林大国ですが、有史以来ずっとそうだったわけではありません。縄文時代は森林と共に人の暮らしがありましたが、弥生時代に入ると田畑を開くために、膨大な木々が伐採されました。それが南ヨーロッパや中国西域のようにハゲ山化、乾燥化

しなかったのは、ひとえに日本が高温多雨の気候帯にあったからに他なりません。

　里山も有史以来ずっと育てられていたわけではなく、現在私たちが目にするような里山が形成されたのは、江戸時代に入ってからだといいますから、比較的あたらしいものなのです。江戸幕府の強力な林野行政があって、里山の原風景が現在の私たちに根づいたといえましょう。

　したがって私たちが今なすべきことは、原生林の保護、里山の回復、そして人工林の徹底した管理です。

手入れの行き届いた日本の人工林（長野県霧ヶ峰）

1. 日本を再生させる美しい森

○ 都道府県別 森林率・人工林率

(単位:ha)

	都道府県	森林面積	人工林面積	国土面積	森林率	人工林率
1	北海道	5,542,533	1,494,392	7,842,086	71%	27%
2	青森県	634,785	272,662	960,794	66%	43%
3	岩手県	1,172,463	495,223	1,527,889	77%	42%
4	宮城県	417,924	199,677	728,577	57%	48%
5	秋田県	839,536	411,621	1,161,187	72%	49%
6	山形県	668,593	185,727	932,346	72%	28%
7	福島県	975,456	342,625	1,378,276	71%	35%
8	茨城県	187,508	111,691	609,572	31%	60%
9	栃木県	350,114	156,282	640,828	55%	45%
10	群馬県	424,171	178,179	636,233	67%	42%
11	埼玉県	121,261	59,860	379,808	32%	49%
12	千葉県	159,465	61,487	515,661	31%	39%
13	東京都	79,382	35,183	218,867	36%	44%
14	神奈川県	94,915	36,318	241,586	39%	38%
15	新潟県	856,935	163,177	1,258,383	68%	19%
16	富山県	283,982	53,491	424,761	67%	19%
17	石川県	286,413	101,879	418,567	68%	36%
18	福井県	312,313	125,361	418,988	75%	40%
19	山梨県	347,689	153,484	446,537	78%	44%
20	長野県	1,069,673	445,477	1,356,223	79%	42%
21	岐阜県	861,636	384,870	1,062,117	81%	45%
22	静岡県	501,007	282,778	778,050	64%	56%
23	愛知県	219,035	141,185	516,512	42%	64%
24	三重県	372,600	230,318	577,731	64%	62%
25	滋賀県	204,250	84,980	401,736	51%	42%
26	京都府	342,604	131,479	461,321	74%	38%
27	大阪府	57,969	28,328	189,928	31%	49%
28	兵庫県	560,664	240,329	839,616	67%	43%
29	奈良県	284,791	172,549	369,109	77%	61%
30	和歌山県	363,041	219,318	472,629	77%	60%
31	鳥取県	258,926	140,155	350,728	74%	54%
32	島根県	525,589	205,819	670,796	78%	39%
33	岡山県	483,808	200,713	711,323	68%	41%
34	広島県	612,133	200,881	847,970	72%	33%
35	山口県	437,407	196,260	611,409	72%	45%
36	徳島県	313,863	191,310	414,674	76%	61%
37	香川県	87,577	23,103	187,655	47%	26%
38	愛媛県	401,114	246,093	567,833	71%	61%
39	高知県	596,783	389,585	710,516	84%	65%
40	福岡県	221,801	141,883	497,851	45%	64%
41	佐賀県	111,115	73,753	243,965	46%	66%
42	長崎県	242,560	104,830	410,547	59%	43%
43	熊本県	463,833	280,585	740,479	63%	60%
44	大分県	453,492	237,297	633,974	72%	52%
45	宮崎県	589,878	350,672	773,599	76%	59%
46	鹿児島県	584,226	294,316	918,882	64%	50%
47	沖縄県	104,580	12,218	227,649	46%	12%
	全国	25,081,390	10,289,403	37,291,870	67%	41%

※1 国土面積は、全国市町村要覧平成24年版による。
※2 全国及び北海道の森林率は北方領土を除いて、青森県及び秋田県の森林率は十和田湖を除いて算出した。

都道府県別 森林率 人工林率 林野庁 平成24年

現在の日本の森林の最大の課題は、人工林の管理が充分にできていないことです。管理どころか放置されているわけです。人工林で伐採されたままの間伐材をどうするのか、機械も入りにくい傾斜地ですが、最新鋭の大型ロボット機器を駆使して、未利用材を活用することができれば、まったく新しい森林の活用循環サイクルが生まれると考えられるのです。
　次章ではそのことを探っていきたいと思います。

2. 立花 義信氏の洞察と実践

先に記しましたように、立花会長は、私たちが抱えるエネルギー問題と荒廃した森林を再生させる問題とが、実は同じプロセスによって解決できるはずだという、慧眼(けいがん)に満ちた発想をおもちです。

　日本では東日本大震災以降、原子力発電の是非を巡って、国論がほぼ二分されています。原発だけはどうしてもいやだという人は代替エネルギーとして太陽光や風力発電を主張します。しかし、原発を推進しようとする人たちは、そういう発想をせせら笑うように、お日様が差さない夜はどうするのだ、風が吹かない日はどうするのだと反論します。自然エネルギー派はこの反撃をうまくかわすことができません。事実その通りだからです（太陽光や風力発電、潮力発電の最大の問題点は、その日まかせの発電量の不安定さと、巨大な蓄電システムを構築することが難しい点にあります）。

　立花さんが現在取り組んでおられるのは、放置され荒れ放題になっている人工林をよみがえらせるために、間引いた未利用材を用いてチップ化することでした。チップとは集積回路やポテトチップという名称からもわかるように、小片という意味ですが、木材をチップ化するためには、まず樹皮(バーク)を剥(は)ぎ、そして切削粉砕機(チッパー)にかけて細かくし、選別して必要な大きさにそろえるのです。ここで大切なことは樹皮をはじめ、すべての原材料を最後の一片までも無駄にしないことです。

　このウッドチップを燃料にしてボイラーを働かせ、蒸気タービンによって発電する方法がバイオマス発電です。バイオマス発電はウッドチップ方式だけでなく、様々な種類が知られています。下水汚泥、家畜糞尿、生ゴミ、食品廃材などからメタンガスをとりだすもの、可燃

廃棄物などを原料にするものもありますが、もっとも燃焼度が高く、効率が良いのがこのウッドチップによる木質バイオマス発電です。

ウッドチップ

　立花会長はこのウッドチップ発電によって、自然エネルギー発電は安定的供給を得ることができ、火力発電、原子力発電、水力発電についでおそらく第4位の発電方式として定着するだろうと予想しておられます。その最大の理由は、資源が無尽蔵に存在するからです。森林資源の優れた点は、使い尽くすのではなく、森を大切に育て管理することで、繰り返しの利用が可能な点です。ここが、限りある化石燃料と決定的に違うところではないでしょうか。化石燃料は石油や石炭にしろ、あるいは最新のメタンハイドレートにしても資源に限りがありますから、数十年から数百年で使い切ってしまう恐れがあります。特に石油の枯渇はもはや時間の問題だといわれています。

　何より問題なのは、化石燃料の燃焼によって高濃度の二酸化炭素が排出されることです。いわゆる温暖化現象の最大要因がこの二酸化炭素の増大です。

　ところが、バイオマスは二酸化炭素の排出量が極端に少ないので

す。ウッドチップに含まれている炭素成分は、材料となる木材が成長する過程で大気中から取り込んだ二酸化炭素であるため、燃焼過程では確かに二酸化炭素が放出されますが、全体としては、いったん木材の中にたくわえられた二酸化炭素を再度、大気中に放出しているに過ぎません。この特質をカーボンニュートラルと呼び、化石燃料の燃焼とは区別して考えられています。ただし、燃料の運搬・加工・貯蔵などの工程で排出する二酸化炭素については慎重に考慮しなければならないことは言うまでもありません。

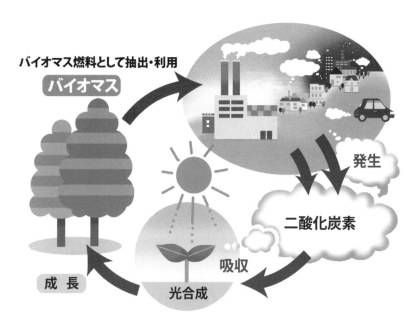

カーボンニュートラルの概念図

　以上のことからも納得できるようにバイオマス発電は、理想の発電形態だと立花さんは力説されます。
　2016年4月から電力自由化が施行され、大手ガス会社や携帯電話会社などが次々と参入を決めていますが、その中には王子ホールディ

ングスのようにバイオマス発電に積極的に取り組んでいる企業も含まれています。太陽光、風力発電と並んで、バイオマス発電が注目されているゆえんでありましょう(註:王子製紙が主として発電用燃料に使用しているのはパルプ製造工程で分離される黒液である。ただし、最近はコスト的に安い未利用材も燃料として使用している)。

　しかしながら、ウッドチップによる発電はいくつかの課題を抱えていることも事実なのです。一番の問題点は、バイオマス発電の燃料となる未利用木材の確保です。発電を継続的に続けるためにはウッドチップの供給が欠かせませんが、そのためには人工林を買い上げて、伐採されたまま放置されている間伐材をチップの製造工場に運搬する必要があります。しかし、山間部に分け入って間伐材を運び出すために非常に高額の搬出コストが必要となってしまいます。さらに法的な問題もあります。山林や林道の所有者が相続を重ねていたり、あるいは相続が放棄されていたりして、その特定だけでも長い時間が必要なのです。

バイオマス発電所イメージ

バイオマス関係の価格

再生可能エネルギーの固定価格買取制度における木質バイオマス関係の買取価格（案）では、未利用間伐材等が 33.6 円（税込）、一般バイオマスが 25.2 円（同）、建築リサイクル材が 13.65 円（同）となっています。

調達区分・調達価格・調達期間についての調達価格等算定委員会案

電源		バイオマス					
		ガス化		固形燃料燃焼			
バイオマスの種類		下水汚泥	家畜糞尿	未利用木材	一般木材	一般廃棄物	下水汚泥	リサイクル木材
費用	建設費	392万円／kW		41万円／kW	41万円／kW	31万円／kW		35万円／kW
	運転維持費（1年当たり）	184千円／kW		27千円／kW	27千円／kW	22千円／kW		27千円／kW
	IRR	税前1%		税前8%	税前4%	税前4%		税前4%
1kwh当たり調達価格	調達区分	メタン発酵ガス化バイオマス		未利用木材	一般木材（含パーム椰子殻）	廃棄物系（木質以外）バイオマス		リサイクル木材
	税込	40.95円		33.60円	25.20円	17.85円		13.65円
	税抜	39円		32円	24円	17円		13円
調達期間					20年		林野庁 2012年6月	

　このような問題を解決するために 2012 年 7 月に施行された「再生エネルギー固定買取制度」ではバイオマス発電で発電された電力を電力会社が高額で買い取る制度が施行されました。

　法律的に保護されているとはいえ、この買い取り価格が永代にわたって保証されるかどうかわかりません。そのために必要なのは、ひ

2. 立花 義信氏の洞察と実践

とつの森林を基礎に据えて木質バイオマス発電を中心にした雇用や需要の循環システムを生み出すことです。一例として、出力 5000 キロワットのバイオ発電の場合、約 1 万 2000 世帯分の消費をまかなうことができ、間伐材の収集や運搬、加工や発電の従事などで約 50 人分の雇用が新たに生まれるとされています。また 5000 キロワットの発電をまかなう木材は 6 万トンに及び、その燃料代も巨額にのぼりますが、それらはすべてその地域に還元されます。この点が輸入にたよる石油やシェールガスと大きく異なる点です。化石燃料では産出国に高い燃料代を払い続け、その国は潤いますが私たちは高額の燃料代を払い続けるだけなのです。

3．太陽光発電

私たちの住む地球は太陽系の中心恒星である太陽から莫大なエネルギーを受けとって生命活動を営んでいます。太陽から発せられた光（赤外線からエックス線に至る電磁波）はあまりに強大で、地球より太陽に近い位置にある金星の平均表面温度は 464℃といわれています（註：極端な温暖化が進んでいる）。金属の鉛も溶ける灼熱の世界です。ところが将来人類が移住する可能性のある火星の表面温度は、平均でマイナス 63℃の極寒の地です。

　つまり、地球こそが太陽系の中で稀にみる適度な位置にあって、暑すぎもせず寒すぎもせず、生命がその営みを繰り広げる最適の位置にあるということを、よくよく認識しなければなりません。このことをハビタブルゾーン（生命居住可能性領域）と言います。稀な条件の中に地球が位置していることはいくら強調しても、し足りないほどです。

　太陽から発せられた電磁波のうち、振動数の高い有害なエックス線は大気がほとんど吸収し、紫外線もオゾン層によって 90％がカットされます。そして生命活動に必要な可視光線と赤外線が地表に届くわけです。

3．太陽光発電

　その量は、言葉で表現できないほど膨大で、エネルギー総量は毎秒**17京4000兆ワット**、つまりたった1時間で、現在の人類が1年間で消費する総エネルギーに等しいといわれています。
　この膨大なエネルギーのうち生命活動を支える植物の光合成に使われている太陽エネルギーはどのくらいかご存じでしょうか。たったの**0.02%**です。つまり、ほとんどは大気や海水に吸収され、また宇宙にはね返されているのです。

　これをうまく使わない手はありません。この太陽光を直接電気に変換するシステムが太陽光発電です。日本はソーラーシステムの先進国で、シャープや京セラのように世界でも有数のソーラーパネルメーカーが存在します。ソーラーパネルを使った発電は、排気ガス、騒音、震動といった点でも環境に優しい発電方式でありましょう。
　東日本土地開発の立花会長のお話では、同社は2016年現在、福島県や長野県、千葉県に至る18ヵ所にメガソーラーを建造中で、その総発電量は、約140メガワットに達するといいます。また計画中のものでは神奈川や長野、そして静岡県、山口県などに10メガワットから最大で75メガワットの規模のメガソーラーを計画中です。今後、5年で100万坪の土地を購入して、5万坪の人工林を伐採し、ソーラーパネルの設置をしていく計画だといいます。もちろん伐採された未利用材はバイオマス発電の燃料となり、さらに周辺の人工林をできるかぎり広葉樹の天然林に戻していく計画を同社は構想されておられるそうですから、太陽光、バイオマス発電、雇用の拡大、人工林の管理、天然林への復元まで含めた幅広い視野で企業活動を行い、なおかつ充分な利益を出していくところに、同社の大きな特長があろうと思われます。

長野県

　日本中で普及しはじめている太陽光発電ですが、いくつかの課題も抱えています。だれもがまず気づく最大の弱点は、雨天、曇天などの天候に左右されやすく、しかも夜間はまったく発電ができないことです。

　最初にご紹介したバイオマス発電は、火力発電や原子力発電と同じように24時間フル稼働させることができますが、自然エネルギー発電は、電力でも風力でも、たいていお天気まかせで、安定的に電量が得られない点が一番のネックになっていました。

　これを解決する唯一の方法は、大規模バッテリーの開発ですが、これが厄介です。電気自動車を見てもわかりますが、現在、最も高性能の電気自動車でも実走距離で300km以上を充電なしで走ることはで

きません。個人宅規模の太陽光発電システムであれば、現在のリチウム型蓄電装置でもある程度電気を蓄えることが可能ですが、ひとつの街全体の電力を充分にまかなう大規模な蓄電方法は現在の技術でまだ確立されていません。

　そんな中、現在考えられている蓄電の最善策が、いったん電力を水素に変えてしまう方式です。昼間太陽光パネルで発電中、その一部の電力を使って水の電気分解を行い、発生した多量の水素を圧縮した形で貯蔵しておきます。現在の水素燃料で走行する自動車の水素ステーションと同じ仕組みです。この水素を燃料電池として夜間に発電する方式です。

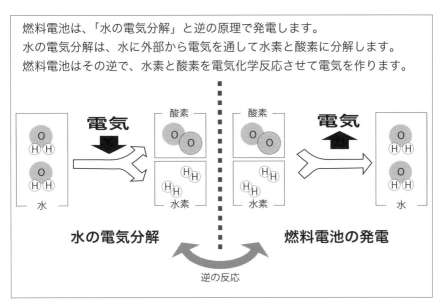

燃料電池のしくみ

このシステムは技術的にはすでに完成されていますが、経済効率という観点からはまだまだ改善の余地が残されています。しかし、もし、大きな容量の電気を本当に安い費用で蓄えることができるようになったら、無尽蔵の太陽エネルギーを果てしなく電力に変換して、いつでも使える時代がやってくるに違いありません。

　その一つの可能性を電気自動車（Electric Vehicle）の蓄電システムに見ることができましょう。EV車の急速な普及を前にして、高性能で強力な電池の開発が待ち望まれているわけです。米国エネルギー省は2022年までにガソリンエンジンと同等の電池駆動システムを目指すとしており、しかもそれが実現可能な射程内に入ってきています。水素燃料電池やリチウム電池を含め、EV車によって確立された蓄電システムは、おそらく社会全体を変えるほどの力をもつだろうと予想されます。10年以内に脱石油文明が本当に訪れようとしているのです。

　もう一点お伝えしたいと思います。太陽光発電のプラントは、普通、耕作している営農地には設置できません。非耕作地や耕作放棄地にしか太陽パネルを設置できないのですが、東日本土地開発では、普通は何も使われていない膨大な数のソーラーパネルの下地を、有効利用しようと農作物の栽培を計画していることです。ただしこれは、農地への一時転用なのか、法的な問題が課題だとうかがいました。

4. 地産地消発電

現在、都市型住宅では、戸建てでもマンションでも屋上に太陽光発電装置を備えているところがかなり増えてきています。特に新築の家屋でのソーラーパネルの設置は、日常的に目にするようになりました。今後は、都市部や山間部で川の流れや風力を用いた小型の発電システムが主流になるだろうと東日本土地開発の立花会長は見ておられます。その規模は、一地区、一地域に限定されたものですが、自前で発電し、それを自分たちで使うことで、発電施設への投資を数十年で回収し、それ以降はメンテナンスだけで持続的に使い続けることができると考えられます。

　地産地消の発電であれば、送電によるロスや環境破壊（山奥に送電網を施設する作業、高圧電線下における電磁波被害）を防ぐことができますし、何より、大災害時に大手電力会社の送電網が被災しても、個々の家や、各地域では発電システムは無事である可能性があります。一系列しか送電システムがなかった場合、それが失われたときどれほど悲惨なことになるかを、私たちは福島原子力発電所の事故で身をもって知ったわけです。

小水力発電

　発電機の規模がどの程度から小水力発電と呼ぶか、その正確な定義はありませんが、日本ではおよそ1000キロワット以下を小水力と捉えているようです。自然エネルギーの中ではもっとも安定した出力を得ることができ、河川の流れをそのまま利用することで、発電しようとするものです。大小の河川、農業用水などを利用することができ、

4．地産地消発電

ダムの建設や河川の工事などが必要ない点も注目されています。流水量が安定している場合は、太陽光発電に比べ設置面積あたりで5〜8倍の電力量を得ることができるといわれています。その設置面積が小さいのも大きな特徴です。

下の写真のように、昔懐かしい羽根車を用いた発電装置が全国で見られるようになるかもしれません。

ただし課題もあります。河川利用にあたっては、法的な手続きが複雑で、水利権をめぐっての利害関係や役所に届け出る際の煩雑さが問題となるかもしれません。普及させるためには、法改正が今後の課題だろうと思われます。

都留市が設置している小水力発電「元気くん」（全国小水力利用推進協議会HPより）

小型風力発電

　風力発電は太陽光発電と並んで大規模な設備がつぎつぎと建造されていますが、大規模風力発電機は根本的な問題を抱えていることが意外に知られていません。

1、　大規模な風力発電装置が多いのは、規模が大きいほど発電コストが低減するためである。巨大な羽根は一本の長さが50メートルから60メートルにも達し、風車自体では高さが100メートルを超えるものが多い。回転によってプロペラの根本には絶えず大きな負荷がかかるために、金属疲労によって根もとから折れる危険性もある。また台風などの強風によって破損し、巨大な残骸が散らばる可能性もある。
2、　高さが100メートル近くもある大規模な風車を設置するために、山間部では運搬路が必要となり、森林が伐採されるなど環境へのダメージが大きい。また海上に設置した場合は海洋資源への影響も心配されている。
3、　大型の風車が何台も回転している姿は、見方によっては不自然な景観であって、周囲の風景との調和がとれない。
4、　風車が回転するときに出る極低周波の震動による健康被害が続出している。人間の耳では感知できない低い周波数によって、不眠、頭の圧迫感、頭痛、耳鳴り、嘔吐、自律神経失調症などの健康被害が続出している。家畜やペットにも被害が及んでいることから、人の思い込みではないことは明らかである。
5、　渡り鳥や大鷲のような貴重な鳥類がプロペラに激突して死亡する事故があとをたたない。これは鳥の視覚が一般的に上方から来

るものに気づきにくいことが原因だと思われる。巨大なプロペラが上方から回転してきた場合に気づかないためである。バードストライクと呼ばれるが、鳥類保護の観点からも大型風車は問題がある。
6、 そしてこれが一番の問題点だが、一般に風力発電は規模が大きいため投資金額が膨大となり、これは発電事業者にとって大きな負担となる。

　このような様々な問題点を抱える大型風力発電に対して、小型風力発電システムは数々の優れた特徴を備えています。
　ある程度強い風が吹かないと回転しない大型風車に比べ、わずかな風力でもスムースに回転する小型風力発電システムを用いれば、上に記したような様々な風力発電の問題点をクリアできる可能性が高いのです。
　しかも電力の買い取り価格が、太陽光発電の 29 円/kWh、大型風力発電の 22 円/kWh に比べ、55 円/kWh と極めて高額に設定されています（2015 年現在）。これは小型風力発電を促進したいという国の方針と一致しているからです。
　その詳細を探ってみましょう。

　九州大学では従来型の風力発電機の欠点を改善するために風車の回りにダクトをつけることで、わずかな風力でも充分に発電できるシステムを考案しました。ダクトがない場合に比べ、発電量は 3 倍といいますから、これは驚くべき量です。また風切り音や、震動も極力抑え、ほとんど無音に近い状態で、発電をすることができるそうです。丸いダクトは、剝き出しのプロペラに比べ、見た目の安心感も大きく、鳥類の衝突も避けることができるといいます。

3倍の発電量を実現！

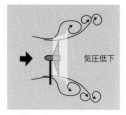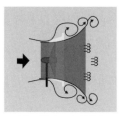

- ・ローター周りにダクトを取り付け
- ・強い渦が発生
- ・渦により、風車後ろの気圧が低下
- ・低い圧力へ風が吸い込まれダクト内の風速が1.3～1.5倍に倍速

発電量Pは、風車に流入する風速Vの3乗に比例（$P \propto V^3$）

風レンズの原理　（㈱ウィンドレンズのHPを元に作製）

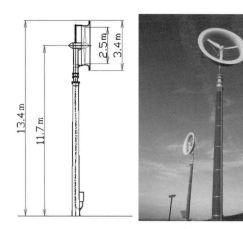

風レンズ方式の小型風力発電機（㈱ウィンドレンズのHPより）

4．地産地消発電

「風レンズ方式」に対し、特殊な羽根の形状をもつ「垂直軸型風力発電機」も今、注目を集めています。これも微風で起動し、低騒音低振動で、環境にも細やかな配慮がされた優れた方式だと思われます。風レンズ方式に対して、こちらの最大の特徴は、どの風向でも軽やかに起動することです。毎秒1.2メートルという、かすかな風でも回転するため、ほとんど一日中回り続け、かりに微電力であってもそれをバッテリーに蓄電することで、必要なときに取り出すことができるというメリットがあります。

垂直型風力発電機 （JR名古屋駅　著者撮影）

　先にご紹介した東日本土地開発では、この方式で伊豆に小型風力発電を数基、設置する計画です。

　それぞれの小型風力発電装置は、風力が絶えず変化しますし、発電力も少ないので、リチウム蓄電装置と組み合わせることで、安定的に電気を供給できるわけです。

5．植物工場とハウス栽培

ここからは少し論点を変えて、私たちの命を支える根幹である農業問題について考えてみましょう。

　農業は長いこと、農業従事者たちの大変な労役と苦しみのうえに支えられてきました。日本の歴史だけを振り返っても、農民がおかれた社会的地位の低さと貧困は、つい半世紀前までのこの国の現実そのものだったのです。世界のどの国を見回しても、この基本的な構造は同じです。ということは、人類は、みずからが食べているものの大部分を他者の労苦と使役のうえに負わせてきたということです。

　しかも、農業は自然相手だけに、雨量や日照時間の変化が収穫の増減に直結してしまいます。また病害虫や台風などによる被害も甚大なものがあります。農薬の使用も避けられません。もし農業が、他の製造業と同じように、工場内で完全管理され、自然の状態に左右されないのであれば、農業従事者は労働の困難さから解放され、不安定な自然条件から解き放たれて、まるで工場で製品を製造するように瑞々しい野菜や果物を育てることが可能になるかもしれません。

　この考え方をもとにした野菜工場が、異業種からの参入で盛んになっています。日立製作所、パナソニック、鹿島建設、丸紅など大手企業も野菜工場への取り組みを開始しています。この新しい野菜栽培を「植物工場」と呼んでいます。

　植物工場は、温度や湿度、LEDの光量や光の種類など、内部環境を完全にコントロール下におき、主として水耕による循環液肥によって野菜や果物を育成するものです。

　この方式には、普通の耕地農業では得られない高いメリットが存在します。その第一は、生産量の均一化です。安定的に供給できるの

5．植物工場とハウス栽培

で、洪水で流されたり、病虫害で全滅したり、高温や低温が続いて野菜が育たなかったり、逆に育ちすぎたりといったことがありません。

特に注目すべきは、農薬を使う必要がないことです。農薬の被害は人間だけではなく、田畑のまわりの生態系を破壊し、流水系さらには海洋系にも汚染を広げているわけですから、無農薬で栽培できる意義はどれほど強調しても足りないほどです。

さらに、細菌数が少なく農薬も使われていないために、簡易な洗浄のみで食することができます。実際ファミリーレストランやコンビニで使われる葉物類はほとんどが植物工場出荷だといいます。レタスはLEDの青赤の色を交互に当てることで通常の2倍の速度で育つことが確認されていますし、ミニトマトも厳格な温度管理によって、糖度が、ふつうのトマトが4〜10度であるのに対して、12度を超えるものまで作られています。

さらに、農業に従事する人々が、厳しい労働から解放されることも植物工場の大事な要点です。

植物工場でのレタス栽培（新宿タカシマヤ Blog より）

従来型の露地栽培に比べ、初期投資の額が膨大になります。また土壌を使わないデメリットも存在すると思われます。土壌中に生息するバクテリアによってつくられる酵素類、微少なミネラル類については、現在の液肥が完全にカバーしているとはいえないようです。野菜特有の苦味や青臭さ、土臭さがないことが果たして本当にメリットなのか充分に確かめられているわけではありません。
　何より維持費用がこれまでの農業の何倍にもなります。工場プラントの建造、栽培棚や液肥循環システムの設置、照明器具、冷却装置、あるいは暖房装置などが必要ですし、また光熱費も膨大なものになります。単価の低い野菜類で、設備投資の額を回収することは容易ではありません。しかも現在のところ液体肥料で完全栽培できる野菜類はリーフレタスなどの葉菜類やトマト・ミニトマトなどで、根菜類などは不可能です。
　実際に植物工場の経営は極めて難しく、約3分の1が赤字を抱えているといわれます。

　しかしデメリットばかりではありません。土地さえあれば開始できるため、東日本土地開発の立花会長は、これまでお話しした各種の発電と農業生産を有機的に結びつけることで、植物工場の運営に伴う様々な困難を乗り越えようとしておられます。さらに、野菜工場にこだわらず、従来型の温室栽培も計画しておられるとうかがいました。具体的には、野菜工場の電力は自社のバイオマス発電でまかなう。また、発電の際に生じた余熱を、温室で育成するマンゴーなど国内外で人気のフルーツ栽培に利用するという方法です。

5. 植物工場とハウス栽培

　従来型の温室による栽培は自然光を利用するので、光熱費を低く抑えることができますし、植物工場では栽培が難しい根野菜やトマトなども栽培できます。つまり普通の露地栽培と、植物工場の中間的な位置づけとなるわけですが、これら両方の利点をうまく融合させて、天候や害虫の被害を減らしながら、その作物が市場に少ない時期に流通させて利益を得やすいというメリットがあります。

　最新の農業で、参考にしたいのが何といってもオランダです。オランダはEUで最大の農産物輸出国ですが、そこにはチューリップに代表される園芸品の輸出の長い伝統がありました。オランダの園芸分野での輸出総額は何と2兆円だそうです。オランダのように耕地面積が小さい国で、多くの利益をあげようとすると、穀物のように単価が低いものでは採算が取れません。少量でも単価が高い野菜、果物、そして園芸品こそが、収益を押し上げるでしょうし、その需要地域も、中国や東南アジアの富裕層まで広げることができました。

もちろん、これまでの従来型露地農業は農業本来の姿として、自家用、地産地消をはじめとして、今後も未来永劫(えいごう)にわたって受け継がれていくに違いありません。そこには何よりも太陽の光の直接的な恵みがあり、受粉を媒介する昆虫たちが飛来し、豊かな土壌や新鮮な水や空気によって瑞々しい野菜や果物が育っていくのです。そして、その労働を尊いと感じる人も少なからずおられると思うのです。
　つまり、農業というものが苦役の時代から、いく通りもの職業として選択できるポジティブな時代へと移りつつあるということだろうと思います。

6．セルロースナノファイバー

自然エネルギーの話から、最先端の技術に話題が飛躍するようですが、米ボーイング社の中型ジェット機ボーイング787は、航続距離や速度が同型のものに比べて大幅にアップしたことで注目を集めました。これは機体に炭素繊維を使ったことで重量を軽量化できたからです。この分野で日本は世界の最先端を走っており、東レや三菱レイヨンなど世界市場でのシェアも目を見張るものがあります。
　この炭素繊維は鉄に比べ、重さが4分の1なのに強度は10倍、弾力性は7倍もあるのですが、形成が難しく、製造コストの高さ、加工やリサイクルの難しさが難点とされています。
　ところが、2015年になってセルロースナノファイバーと呼ばれる新素材が発表され、これが夢の素材として脚光をあびています。鉄に比べ強度は5〜7倍、重さは5分の1、ガラスと同じように透明で熱膨張も少ないという夢のような新素材として、今、熱い視線が注がれているのです。

　実は、これが森林と深くかかわっているのです。ナノファイバーは、植物繊維をナノオーダー（100万分の1ミリ）まで細く細く解きほぐしたもので、原料が植物（木材、稲わらなど植物なら原則なんでもOK）なため、ナノファイバーが最終的に破棄された時も自然に帰ることができ、自然環境にも優しいなど、良いところずくめの新素材だといわれています。
　ナノファイバー研究でもっともすぐれた実績をあげているのが、京都大学生存圏研究所の矢野浩之教授です。彼はナノセルロースの資源量は約1兆8千億トンと推定していますが、このうち1兆7500億トンが木材資源なのです。その他はわら、茎などで、圧倒的に木材資

6. セルロースナノファイバー

源が豊富だということがわかります。しかもこれには原生林などは含まれません。あくまで利用可能な木材資源です。

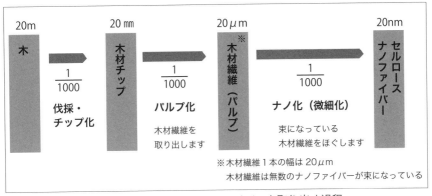

木材からセルロースナノファイバーを取り出す過程

　何度も同じことを繰り返しますが、石油やシェールガスなどの化石燃料とナノファイバーの決定的違いは、森林が生き物であり、無限に再生可能だという点です。上手に活用すればこれほど豊かな資源はほかにありません。

　その森林からセルロースナノファイバーをとりだし、21世紀の新素材として活用することがはかり知れない可能性に満ちたことかおわかりいただけると思います。ナノセルロースによって作られるものは、自動車の車体や航空機の構造体、家具、電気製品の外装だけでなく、湾曲した超薄型ディスプレーや太陽電池など、透明性と弾性を利用した新たな使い道が開けそうです。特に湾曲したソーラーパネルは太陽光が直角で入射する時間を延ばすので、発電効率をさらに伸ばすのではないでしょうか。

　現在のところの課題は、製造コストです。高いといわれる炭素繊維よりさらに高額になります。しかし、2015年には東京大学の磯貝明

教授が、電荷の化学反応力を用いてパルプ繊維を容易にナノ化（最小化）する画期的方法を開発したため、2020年ごろまでにはカーボンをはるかに下回る価格になるといわれています。克服すべき技術的課題もまだ残されているそうですが、いずれにしろ林業関係者には夢の持てる話ではないでしょうか。

　打ち捨てられ、荒れ果てていた人工の森が、バイオマス発電でよみがえり、またセルロースナノファイバーの材料として使われるなら、人工林から利益が生み出され、人工林にきちんとした人の手が入って森がよみがえる可能性があります。森がよみがえれば、樹木の下地は柔らかくそして強靭となり、鉄砲水や山崩れが減少し、過疎化で悩む山村に人が定住しはじめ、そして美しい森林浴として観光資源ともなるのではないでしょうか。そのような好循環がバイオマス発電やナノセルロースでもたらされるのではないかと考えられます。

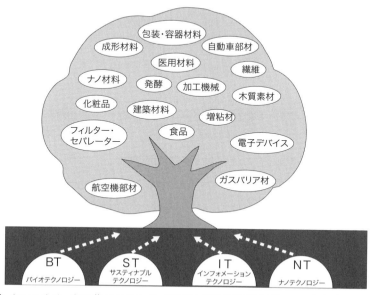

ナノファイバーから作られるもの（京都大学生存圏研究所のHPを参考に作製）

7. 本物の循環型社会の実現

都会の人が山村に行くと、娯楽施設やショッピングモールやコンビニがないことを嘆いて、な〜んにもありゃせん！　などと言うことがあります。何も無いといっている目の前には、素晴らしい緑が広がり、清流が流れ、小鳥たちがさえずり、風が吹きわたっているのです。その人たちは何のために、大自然の中にやってきたのでしょうか。いや、そればかりではありません。その地元の人たちも同じことを言うのです。ここは楽しいことは何も無いし、どんくさくてやってられない、などと。高層ビル群や、アミューズメント施設や、歓楽街がないことを嘆いているのでしょうか。不夜城のような大都会や、林立する高層ビル群は、確かに一瞬人を魅了したり驚かす力があります。夜の大工業地帯を巡ったりすると、人間の力の巨大さというものを思わないわけにはいきません。間違いなく、こういう力がわが国を育て、繁栄させてきたのです。
　でも、不思議なことに、それらはいずれ飽きる時がくるのです。それに比べ、山々を渡っていく雲の流れの霊妙さや、新緑の萌えいずるみどりの美しさ、湖面に反射する光の輝き、夜明けの山々と空の荘厳さといったものは、いくら眺めても飽きるということがありません。この情感やのびやかさは都会では決して得られないものです。それはいのちと言うものが輝いている美しさではないでしょうか。
　都会に暮らす人も、地方に暮らす人も、共に、自然を尊いと思う心、森林を大切だと思う気持ちがないと、いくら自然エネルギーとか循環型社会といっても、仏造って魂入れずになってしまうように思うのです。

7. 本物の循環型社会の実現

江戸時代の循環型社会

　ほぼ理想的な循環社会として、今、注目を集めているのが江戸時代の社会のシステムです。太陽エネルギーを中心として生産されたものを最大限活用し、ひとつも無駄を出さないようなシステムが、この時代には隅々にまで整えられていました。それは現在の経済産業省が推進する「3R社会（廃棄物を発生させないリデュース、再利用のリユース、そして再資源化のリサイクル）」をほぼ完全に実現させていた社会ということです。

　例えば、米や麦を脱穀した後にのこるワラは、米を運ぶための米俵、土壁の補強材、編み笠や草履、雪の上を歩くための「かんじき」など、ちょうど現代でいえば、プラスチックのように生活のいたるところで使われていましたし、それらの道具は使い古されたら、捨てるのではなく、発酵させ、堆肥として利用されたのです。

　つまり、太陽の恵みを受け、稲や麦が育ち、その穀類をいただきながら、その茎であるワラは生活用品のすべてにわたって活用されてきたわけです。しかも最後は、燃やすことなく、堆肥として活用し、仮に燃やしても、その灰を土壌改良や酒造、製紙、染色などに用いて、ほんとうにひとつも無駄にすることがなかったようです。

　衣類もそうでしたし、紙も一枚も、捨てるなど考えられなかったのです。それは江戸幕府が高い見識をもって循環型システムを構築し、人々も、地球資源の行く末を考え無駄を出すまいと努力した……、わけではありません。現実的に、それしか資源がなかったので、そのように工夫するしかなかったのです。何しろ250年間も鎖国したのですから、大航海時代真っ最中の当時の世界のように、豊富な物資が日本に流れ込むということがほぼ皆無だったわけです。だからといっ

て、人々は極貧にあえぎ、貧しい生活をしていたわけではまったくなかったのは、だれもがご存じの通りです。(次頁参照)

　幕末に日本を訪れた多くの外国人が驚嘆したのは、日本社会が質素ではあるが、きちんと整えられており、世界でも類をみないほど衛生的で、しかも人々でにぎわっていたことだといいます。1800年当時、江戸の人口は約100万人だといわれています（註：算出方法によって違いがある）。当時のロンドンが86万人、パリが60万人であることを考えると、これほどの多くの人口を抱えながら、エコロジカルな生活を続けていささかも破綻がなかったのは、本当に示唆的といわなければなりません。18世紀のロンドンやパリの下町は糞尿だらけで、腐敗臭に満ちていたそうです。だからこそ、パリはナポレオン三世の時代に下水道の大改革をやって現在のような美しい都市に生まれ変わったのです。
　貧しいということと質素であるということは、まったく意味が違います。豊かでありながら、慎ましい暮らしを貫くということが循環型社会の基本姿勢だと考えられるゆえんです。

7．本物の循環型社会の実現

原　料	利用目的	利用方法
動物油（いわし油）等	照明（行灯）用油	●行灯の燃料のほか肥料としても利用
なたね油の油粕	肥料の生成	●乾燥させてチッソ肥料として利用
使用後の蠟燭（ロウソク）のしずく	安い蠟燭の製造	●業者が巡回してきて回収。安い蠟を生成する原料として利用。魚油、鯨油と混ぜて安い普及品の蠟燭を作る。
藁	＜衣＞	●編み笠、チョッキ、箕の原料として利用。 ●藁草履、草鞋等の履き物の原料。
藁	＜食＞	●脱穀した米の保管、輸送のための米俵の原料。 ●酒樽の運搬のための薦の原料。 ●弁当入れ、米櫃等の民具の原料。 ●納豆の製造に利用 ●家畜の餌、厩舎の敷藁
藁	＜住＞	●正月のしめ飾り輪飾りの原料 ●藁葺き屋根 ●畳、むしろの原料 ●土壁の補強材料
藁	その他	●縄の原料 ●藁鉢（苗の生成用の植木鉢）の原料 ●かます（食品等の包装、運搬用の袋）の原料 ●もっこ（土砂の運搬用の袋）の原料
藁（草履、草鞋）	肥料の原料	●使い古した草履、草鞋を集めて発酵させたい肥として利用。
藁（厩舎の敷藁）	肥料の原料	●家畜の屎尿で汚れたら交換し積み上げてたい肥として利用。
竹の皮	包装材	●成長中の竹から落ちている竹の皮を拾ってきてそのまま利用。
衣服	再生利用	●仕立て直し。 ●おむつ、雑巾など様々な用途への転用。
排泄物	肥料	●特定の農家が、契約している地域、家を定期的に訪問し下取りした。
灰		●家庭から出た灰を灰買いが回収。灰問屋に集める。灰問屋は需要家に直接売ったり各地の灰市で転売する。
灰	酒造	●酒造の麹作りの種麹に木灰を利用。蒸米に木炭を振りかけ麹菌だけを増殖。 ●清酒の製造の際に色を澄ますためや酸味の調整に利用。
灰	製紙	●灰汁を加えて純粋な繊維を取り出す。
灰	繊維	●絹繊維中のフィブロインを取り出す。 ●灰汁を煮て繊維を分離しやすくする。
灰	染色	●植物色素の抽出に利用。 ●色を鮮やかにするのに利用。 ●藍染め液のアルカリ性の調整に利用。
灰	釉薬	●陶器を作る際の釉薬として利用。
灰	洗剤	●灰汁で食器や衣服等を洗った。

江戸に見られた資源の循環的な利用の事例　環境省「循環型社会白書（平成13年）」

明治以降から現代までの物質の流れ

　日本が西洋列強の帝国主義的な進出を回避するために、開国し、明治維新後、急ごしらえでつくりあげた西洋型の社会システムは、物質の循環という点だけでも、それまでとはまったく異なったものでした。

　その端的な例が、足尾銅山の公害問題でありましょう。もともと足尾は日本でも有数の銅山で、江戸時代も幕府直轄の鉱山として大いに栄えていたのです。ピーク時には年間で1200トンもの銅が産出したといいます。しかし無理な採掘は行われなかったので、公害問題などは発生していませんでした。

　ところが、明治に入ってから民営化されて巨大財閥の力が入り、大規模な採掘が急速に行われるようになって、足尾山地の樹木が精錬燃料として次々に伐採され、精錬するときに出る排煙がひどい大気汚染を引き起こしたのです。そればかりではありません。ここを流れる渡良瀬川に、精錬によって生じる廃棄物を流したために、著しい大気汚染と土壌汚染を引き起こしたのです。そして渡良瀬川流域に暮らすたくさんの農民たちをどん底に追いやったのでした。このことは農民の救済に立ち上がった田中正造の名とともに、広く知られるところとなりました。

　ここには、自然の物を利用するときに「物の循環」ということに充分に配慮する江戸時代のよい意味の前近代的発想から、暴力的に奪い取り、掘り尽くし、むさぼりとって、最終的には自滅していく近代的な発想への転換が示唆されています。

　明治以降、あらゆることがそういう方向に大きく舵をきったので

す。鳥島にいたおびただしい数のアホウドリは軍事用の防寒羽毛ジャケットとしてすべて殺戮されて捕り尽くされてしまいました。現在残っているわずか数百羽のアホウドリは絶滅危惧種として国の特別天然記念物として保護しようとしていますが、これも何という愚かしいことをしたのでしょうか。いずれも国策のために、自然や生命が一瞥(いちべつ)も与えられずに侵された事実を伝えています。

　それでも、戦後しばらくの間、少なくとも1950年代ぐらいまでは、都市部でも農村部でも、物を大切にする習慣が残っていました。まだ使えるような電気製品を粗大ゴミとして出すなどということは考えられませんでした。

　しかし今や、工業製品は、数年から10年ほどで買い換えるようなシステムになっています。捨てられた工業製品は、放置されたり、スクラップとなったり、一部の稀少金属が回収されるぐらいで、埋立地に埋められているのです。

　現在の日本では、紙類、スチールやアルミ缶類、プラスチック類は資源物として集められ、再びリユースされるシステムがある程度できあがっています。しかし、膨大な、筆舌に尽くしがたいほど莫大な量の廃棄物が、埋め立てられ、焼却され、その焼却されて出る灰も使われることがありません。

　それでも、日本はまだいい方なのです。リサイクルも整っており、下水処理が進んで河川は以前に比べずいぶんときれいになりましたし、大気汚染もほとんどありません。世界の中ではもっとも進んだ位置にいると思われます。そういう意味では、公害のひどかった高度成長期を通して、私たちはずいぶんと学習したのだと思います。

　しかし、それでも、江戸時代に比べれば、許されないほどの無駄な生活を、私たちは「豊かさ」という名のもとに享受しているのではないでしょうか。飽食が極まって、まだ食べられる食品が大量に破棄さ

れています。一方で、今日の食事にもありつけない子供たちが無数にこの世界には存在しているのです。いったい、私たちが真の豊かさに到達するためには、どうすればいいのでしょうか。

近未来の循環型社会

江戸時代の循環型社会は日本人の勤勉さや工夫の精神、自然への畏敬の念が基本にあるとはいえ、必ずしも人々の高い見識や洞察によって、実現されていたわけではありません。冷めた言い方をすれば、単に物がなかったからです。物がなかったからこそ、様々な工夫をし、大切に大切に使ってきたのです。しかしいったん世の中に物質があふれ返ると、物のありがたみということはまったく見えなくなります。物が豊富にあることが当然だと思ってしまうのです。

それは、社会全体が、あるいは人間の行動が欲望によって成り立っているからだろうと思います。自分から主体的に欲望を抑制することは、とても困難ではないでしょうか。

高度な工業化社会、電子社会を維持しながらも、同時に自然への畏敬の念を保ち、人々が追いたてられるように働くのではなく、ゆったりと人生を謳歌し、そして何より本当に円熟した社会にむかうためには、江戸時代の「生活の知恵」と現代の「技術の叡智」をひとつに融合させることが、おそらくただひとつの道ではないでしょうか。そして、その根本にあるキーワードはきっと「もったいない」という言葉だと信じています。一つひとつを木片一切れ、紙一枚に至るまで大切に使いながら、同時に新しい電力が生み出す無限のパワーを用い、豊かでありながら、物を大切にする社会を築いていきたいものです。

7. 本物の循環型社会の実現

　エコロジー循環型社会の実現というと、すぐにそれに飛びつき、その一部だけを拡大して利益を得ようとする企業が雨後の竹の子のごとく現れます。利益しか見ておらず、現代社会が抱える問題や自然保護の精神などはおかまいなしなのです。

　近未来の循環型社会を築くためには、高い見識を持った企業の存在が欠かせません。ここにたびたび登場いただいた東日本土地開発の立花義信会長の深い洞察と哲学は、新たな時代に高く評価されるべきものだと思われます。彼の哲学の根本にあるのは、「ひとつも無駄にしない」「すべてのものを活かしきる」ということです。その上になお、企業としての利益や効率も充分に見込んで、自然を生かし、社会を生かし、そして人々を生かす企業でありたいということではないでしょうか。それこそが、近未来の事業にとって、根本の企業理念となるべきことだと思うのです。

　そのために立花会長は、まず必要なのは、教育である、教育こそが新たな社会を生み出す原動力だとおっしゃいます。現在の学校教育ではこれまでお話ししたようなことは残念なことに、ほとんど教えられていません。その最大の理由は、学ぶことが理科系の分野から文科系の分野まで多方面に広がっており、これを教えることのできる幅広い知識と見識を持った教師が少ないということがあげられましょう。しかし、地球の生命や人類の生活を維持していくのであるならば、何にもまして、人間の生産系の問題点、エネルギーの循環システム、自然の生態の仕組み、大自然の美しさ、森林のぬくもり、エネルギーの生産と消費などを、高い見地から子供たちに伝えていく教育のシステムが早急に求められていることは間違いありません。

　その際に押さえておきたい大切なポイントがあります。それは「人

工(アート)」ということと「自然(ネイチャー)」ということを厳しく分ける視点をもつということです。

それはこういうことです。よく子供たちを連れて市街地から郊外を抜け、田園地帯に行くと、大人も子供も口をそろえて「やっぱり自然はいいなあ。緑がいっぱい広がって」と言います。しかし、田園地帯に広がっている緑は、田畑の稲であったり各種の野菜であったり、いずれも「人工物」です。近くの山の緑もたいていは人間が植えたスギやヒノキの人工林です。

緑が広がることと、「自然」であることは、ある意味で真逆の世界であることをまず知らなければなりません。

なぜでしょうか。自然というものが、あらゆる多様な存在物が複雑に関係しあって、**全体が一つの巨大な系**(システム)を作り上げているものを自然と呼ぶのです。それに対して、人工物とは、ある特定の**「部分だけ」**をとりあげて、自分たちの都合の良いように変えた物を人工物と呼ぶわけです。農業から鉄鋼産業に至るすべての人為的な営みは、この定義の中に納まるだろうと思います。農業も厳密な意味で**「反自然」**であることが最近やっと認識されはじめました。

古代に人類が農耕牧畜をはじめてから中東や南ヨーロッパの森林は急速に失われ、砂漠化していったことはご存じの通りです。4000年前のエジプトは豊かな緑におおわれ、人々はナイル川岸辺の木陰に集って暮らしていたのです。

この自然の働きを子供たちに徹底して伝えていかないと、現在の地球規模の危機的な状況を脱することは難しいでしょう。人類が、何千年も続けてきたことを、一度切りはなして相対化し、どうしたら地球

7．本物の循環型社会の実現

のかけがえのない生命系を守り、自然を生かし、私たち人類も生き延びることができるのかということを、早急に打ち立てない限り、自滅的な事態が待ち受けることになりかねません。そういう意味で、自然保護という発想そのものが歪んだものであることがわかります。自分たちが自然の生態系の中に組み込まれた存在であり、その中で生きながらえているのに、まるで他人事のように保護を唱えることができるわけがありません。

　もう一つ、自然というものが、距離を隔てていながらどれほど密接につながっているかの例をご紹介しましょう。あまり知られていないことですが、実は、山の森と海の資源は深いつながりを持っています。広葉樹林帯で落葉した葉はやがて堆積して地味豊かな腐葉土となって、それが土中の鉄分と結びついてフルボ酸鉄と呼ばれるものを生み出すのですが、これが川の流れに乗って下流に下り、やがて海に流れ込んだとき、そこは一大漁場となります。

　例えば、シベリアの大地に降り積もった落ち葉は腐葉土となってアムール川に流れ込み、その成分がオホーツク海に注ぐことで、そこは世界でも類を見ないほどの豊かな漁場となっています。プランクトンが湧きあがり、膨大な量の小魚がそれを食べ、ニシンやスケトウダラが無尽蔵に生息する海域が誕生するわけです。これはシベリアの大地と北極海の海が深く連関しあっている代表的な例といえましょう。

　また日本でも、松島湾や気仙沼はカキやホタテの養殖で知られていますが、その海産物が栄養豊富で美味なのは、ここの海域に流れ込む三陸山地の森林（とりわけ広葉樹林）による栄養豊かな川の流れがあるからに他なりません。実に、森林こそが海を育てているのです。

自然というものがどれほど広範囲につながっているかをこれらの例は物語っています。一ヵ所だけを切り取り、人間の都合で改変することは、結局は全体を損なうことになるのです。そういう**自然の全体性**の重要さを子供たちに伝えていけたら素晴らしいと思います。

8. 森林の現状とCLT新素材

人工林齢級別面積【計画対象森林】　（単位：ha）林野庁 HP より

	人工林 （面積）	_齢　級_								
		1	2	3	4	5	6	7	8	9
1	北海道	34,902	38,523	36,526	39,698	61,527	104,603	154,784	207,024	268
2	青森県	1,486	2,584	4,234	6,992	9,846	20,778	28,563	36,517	48
3	岩手県	2,254	4,186	7,619	13,699	21,708	39,717	56,009	68,993	83
4	宮城県	922	1,602	2,678	4,083	5,885	11,875	16,799	21,356	33
5	秋田県	1,560	2,845	4,799	8,683	15,148	28,466	40,013	51,754	66
6	山形県	290	1,512	2,155	4,357	6,283	9,513	13,169	17,416	23
7	福島県	1,523	3,675	4,371	6,024	11,248	21,978	31,199	41,137	54
8	茨城県	446	912	1,199	2,361	4,122	6,288	7,335	9,512	14
9	栃木県	847	1,626	2,227	2,819	4,227	8,321	11,593	12,841	20
10	群馬県	674	1,331	2,022	3,099	4,962	8,654	12,607	17,511	24
11	埼玉県	89	182	535	1,425	2,198	1,631	2,565	3,859	5
12	千葉県	270	311	382	613	854	1,782	2,594	4,498	6
13	東京都	168	62	145	563	673	1,311	2,079	3,960	4
14	神奈川県	21	56	152	425	881	2,590	1,971	1,679	2
15	新潟県	921	1,106	2,537	3,701	6,382	10,194	13,862	15,889	17
16	富山県	173	294	678	1,139	1,831	3,219	4,322	6,235	8
17	石川県	222	862	1,766	3,062	5,120	7,084	8,713	8,950	9
18	福井県	346	1,019	1,677	2,658	6,523	10,717	14,566	12,499	14
19	山梨県	520	700	1,595	2,229	4,289	7,466	10,621	12,714	22
20	長野県	580	2,087	3,646	5,718	10,368	15,913	23,223	36,523	62
21	岐阜県	268	1,042	3,914	7,638	14,205	22,749	33,967	41,137	49
22	静岡県	585	1,230	2,578	3,081	5,071	7,828	11,236	15,241	31
23	愛知県	155	393	1,347	1,872	3,342	5,071	6,568	8,113	12
24	三重県	169	877	1,744	2,509	3,914	6,984	10,520	13,578	27
25	滋賀県	242	736	1,323	1,733	3,391	6,704	10,164	11,211	11
26	京都府	814	712	2,237	3,182	5,424	6,756	10,427	9,532	15
27	大阪府	202	348	513	719	958	1,266	1,656	2,167	2
28	兵庫県	190	1,124	2,422	4,648	7,997	12,907	16,178	21,881	33
29	奈良県	300	1,663	1,404	2,769	4,733	8,046	11,325	16,347	25
30	和歌山県	389	1,238	1,041	1,941	3,855	6,673	13,835	20,446	34
31	鳥取県	321	1,752	3,009	3,722	6,378	8,721	11,441	15,714	20
32	島根県	1,728	2,282	5,099	8,137	12,135	16,604	25,684	27,908	30
33	岡山県	1,787	3,497	2,136	4,141	7,017	13,072	21,359	19,980	32
34	広島県	582	3,131	6,280	7,507	9,471	15,107	19,102	19,800	29
35	山口県	783	2,344	3,894	5,985	8,329	12,781	15,542	18,633	24
36	徳島県	497	1,383	2,223	4,325	5,542	11,566	13,303	19,421	33
37	香川県	140	471	875	1,250	1,723	2,414	2,040	2,014	2
38	愛媛県	487	806	2,100	3,627	5,045	11,221	15,507	22,221	38
39	高知県	928	1,706	3,914	7,138	10,620	12,936	23,471	37,393	63
40	福岡県	1,601	1,953	4,476	5,239	3,709	5,307	7,512	10,614	17
41	佐賀県	253	944	1,426	1,691	2,419	3,851	6,155	9,437	14
42	長崎県	393	474	958	1,157	2,801	4,950	9,314	15,722	19
43	熊本県	1,654	4,161	4,296	4,506	7,224	10,723	21,064	32,179	46
44	大分県	1,220	4,001	6,196	14,322	8,633	12,555	18,276	22,630	29
45	宮崎県	8,421	8,741	9,200	9,186	11,319	18,145	29,408	40,960	64
46	鹿児島県	361	1,648	3,447	5,448	7,435	16,237	29,065	44,336	58
47	沖縄県	119	137	194	236	511	835	880	1,895	2
	計	72,799	114,270	159,192	231,055	347,275	584,104	851,587	1,111,377	1,564

注）：計画対象森林の「立木地」の面積を対象とする。

8．森林の現状と CLT 新素材

10	11	12	13	14	15	16	17	18	19+	計
3,322	173,429	90,834	21,856	8,843	9,560	8,570	5,934	2,580	1,586	1,492,942
4,132	31,317	16,207	5,657	3,744	2,346	2,882	1,567	1,036	3,652	271,598
6,562	61,770	31,390	8,010	4,211	3,883	3,587	2,489	1,679	3,722	495,171
7,014	29,495	18,522	4,280	2,460	2,198	1,680	1,216	1,126	1,825	198,636
0,671	48,400	35,659	12,855	6,516	5,844	5,506	4,841	4,014	7,089	411,358
6,305	25,647	19,797	10,289	4,985	5,055	4,980	3,746	2,470	3,812	185,694
8,084	51,216	31,667	8,915	4,610	3,261	2,462	1,834	1,190	3,529	342,043
8,470	14,230	12,036	5,991	3,499	2,604	2,006	1,363	1,138	3,053	111,469
7,051	24,425	16,440	5,800	3,510	3,033	2,193	2,185	2,097	3,754	155,426
0,645	28,162	20,828	7,380	3,936	2,938	2,002	1,821	1,804	3,021	178,142
0,089	10,360	7,600	4,455	2,309	2,159	1,299	950	860	1,767	59,726
8,141	10,998	8,707	4,225	2,789	1,428	1,777	1,017	1,154	2,064	60,493
7,009	4,767	3,996	2,025	1,119	878	520	447	237	865	35,073
4,434	5,166	5,140	3,076	2,049	1,629	1,032	718	553	2,037	35,835
9,904	18,353	15,315	9,339	6,031	5,489	5,037	3,450	2,881	5,756	163,176
8,305	6,852	4,680	1,737	863	973	1,059	1,090	695	1,124	53,368
4,290	11,173	10,052	3,522	2,383	2,227	2,225	2,055	2,426	5,651	101,687
4,508	10,153	8,837	4,028	5,271	2,905	5,260	2,312	3,686	3,554	125,296
7,818	22,282	17,624	9,955	3,730	2,651	1,499	1,380	1,593	2,273	153,392
7,015	82,347	52,260	18,861	9,545	8,520	7,480	7,196	5,785	11,774	440,842
4,424	52,260	35,966	12,936	8,433	8,515	8,241	7,740	6,495	15,492	384,514
5,211	46,583	39,670	20,132	12,774	12,286	8,491	5,261	4,006	7,648	280,338
7,465	19,638	12,533	7,733	6,678	6,892	7,385	5,723	6,061	11,407	141,022
1,976	43,304	27,167	13,985	8,774	7,446	5,277	3,990	3,390	6,735	230,315
9,243	8,942	5,665	2,323	1,721	1,497	1,404	1,371	1,473	4,242	84,939
9,867	21,187	14,447	4,211	2,374	2,764	2,266	1,963	2,212	5,388	130,955
2,912	2,740	2,478	1,864	1,476	1,253	1,145	1,138	1,138	1,164	27,797
3,881	35,445	22,435	11,319	7,441	6,102	4,126	2,574	2,300	3,442	240,329
8,053	20,254	9,522	5,941	5,095	4,962	4,066	4,988	4,028	12,862	172,246
7,695	37,685	23,303	9,480	6,919	5,046	4,512	2,765	2,760	5,716	219,318
2,285	22,364	8,812	3,290	2,061	1,803	1,711	1,566	1,188	3,357	140,144
5,617	28,345	11,411	2,800	1,455	1,292	1,494	973	959	1,722	205,815
6,892	29,615	21,490	5,584	2,650	2,267	2,281	1,158	958	2,776	200,700
4,138	29,334	12,514	3,387	1,937	2,201	1,956	1,525	1,333	2,397	200,862
0,649	35,379	23,181	5,356	2,342	2,304	1,362	877	766	1,108	196,171
3,411	25,789	16,156	7,092	4,588	3,813	3,252	2,605	1,422	1,311	191,213
3,155	2,418	1,637	729	321	308	307	244	205	430	23,094
6,832	45,689	24,142	10,404	5,718	3,987	2,864	2,196	1,105	2,859	245,646
8,369	71,326	47,479	17,111	6,962	5,037	3,122	2,052	2,067	4,594	389,578
5,377	25,892	16,250	6,318	3,656	2,227	1,299	703	475	1,025	141,633
3,215	10,236	5,286	2,259	1,001	470	340	167	82	302	73,542
9,243	17,798	7,653	2,262	973	529	407	228	167	207	104,830
7,329	48,536	26,634	10,833	4,993	3,208	2,483	1,974	1,157	1,444	280,414
2,622	35,181	26,461	9,732	5,038	3,930	2,164	1,215	868	1,368	236,409
8,317	46,678	26,688	8,723	3,231	2,242	1,398	925	517	1,226	350,110
7,033	38,713	23,636	7,107	2,781	2,248	1,512	1,462	1,183	2,063	294,213
2,465	1,336	410	209	109	17	12	17		13	12,218
1,451	1,473,207	920,617	345,378	193,901	164,227	137,931	105,013	87,318	174,207	10,269,734

昨今の林業施策について教えていただくために、諏訪市の合同庁舎にある長野県諏訪地方事務所林務課に千村広道さんをお訪ねしました。
　千村さんは御嶽山のすそ野が雄大に広がる開田村（現木曽町開田高原）で生まれ育ち、長野県林業大学校を卒業され、県庁や地方事務所林務課のほか国の林野庁にもお勤めになった林業行政のエキスパート。情熱あふれるお人柄と膨大な知識をもって、現在の長野県が抱える森林・林業に関する様々な課題と共に将来への展望を語っていただきました。

「長野県の人工林は、人間と同じように〈少子高齢化〉の時期を迎えているのです」と深刻な現状を説明してくださいました。それによると、11齢級（51〜55年生）の人工林面積がもっとも広く、そこから若齢級にむかって急速に面積を減らして、4齢級以下（20年生以下）の樹木は約3％なのだそうです。人工林では、この20年間、ほとんど植林もされていないことを意味しています。（前頁表参照）

諏訪市をはじめ長野県ではスギ、ヒノキよりも高冷地に適したカラマツやアカマツが多いのだそうですが、いずれにしろ、このまま放置すると高齢木が増え、森全体が荒廃してゆくことは目に見えています。そこで千村さんは、間伐だけでなく、すべての木をいったん伐採して、再造林の必要を訴えておられます。再造林の際には、手のかからない、そして葉が腐葉土に還元される広葉樹をそれまでの針葉樹と格子状に混ぜ植えて、人工林の活性化をはかるそうですが、この「除伐」と植林を交互に繰り返すことで、平均化した山林、すなわち**「循環型の森林資源」**を有効に生かすことができると、時代のずっと先を見通した視点が印象的でした。

　樹木のように成長に長い時間を要するものは、短絡的な視点ではなく、長期的な見通しをもって、高い見地から、現在の天然林、人工林を含めた森林全体を管理運営し、生かしていく必要があるという千村さんの説明に大いに納得するものを感じます。

　この新しい森林養成のシステムから次のようなことが浮かび上がってくると感じました。

　まず、従来のような木造建築の建材ではなく、まったく新たな発想に基づく木材活用として千村さんは、CLT（Cross Laminated Timber：直交集成材）とセルロースナノファイバーを挙げておられます。
　ナノファイバーはすでに説明しましたので、ここではCLTについてご紹介しましょう。

CLT 壁の断層見本

　CLT はカラマツ材などを繊維方向が直角に交差するように積層し接着したもので、欧州ではすでに多くの実績を積み、日本でも「直交集成材」として JAS 規格が決められ、国土交通省と林野庁が後押しして、鉄筋コンクリートに優る建築材としていま熱い視線を浴びているといいます。

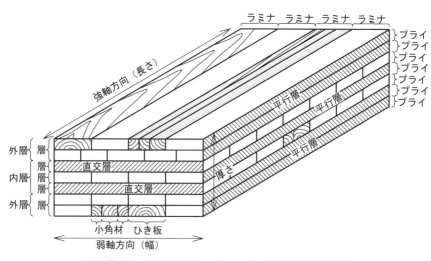

直交集成板の日本農林規格の一部（農林水産省 HP より）

8. 森林の現状とCLT新素材

　木材の場合一番気になるのが耐火性ですが、軽量鉄骨の場合は、高熱で鉄骨自体が歪み、火災で家が崩れ落ちるのに対し、CLTは耐火性が高く、容易に内部まで燃焼しないといいます。これは積層のため厚みが充分あるからですが、この厚みによって、驚くべき耐火性を示すことが実証されています。

　さらに、耐熱性や遮音性にもすぐれ、それらは10センチ厚のCLTで120センチのコンクリートと同等の能力をもつといわれます。

　また、コンクリートに比べ軽量なので、耐震性にもすぐれ、欧州では7～9階建ての高層ビルもCLT建材で建てられているそうです。工期も著しく短くすみ鉄筋コンクリートRC構造の工期に比べ5ヵ月間も短縮できるそうです。

CLT建材を使ったヨーロッパの高層階ビル
(林野庁「平成25年度森林・林業白書」より)

以上のことから、木材というものが一般的な常識をはるかに超えた素材であることが、明らかになるのではないでしょうか。CLTにしても、ナノファイバーにしても森林活用が苦役と諦観の悲観的状態から、豊かで希望の光に満ちたものに生まれ変わる可能性があるのです。

　さらに、2020年に開催される東京オリンピックのメイン会場となる新国立競技場は木材を多用した設計になっています。設計した建築家の隈研吾さんは次のように述べています。

「この10年ばかり、私は国内外で木を多用した建築をつくってきた。20世紀、工業化の中で木の建築は迫害され、教育の場でも、コンクリートと鉄の建築しか教えてもらえなかった。でもこれからは木。木を使って長く持たせることが、地球温暖化対策として非常に効果がある。そして、木を計画的に使うことは、国内の森に自然な循環を取り戻すことにつながる。人間にとって、木の温かさを感じられる建築をつくることが自分の使命だと思いました。
　木造建築は、軒などで雨が直接かかりにくい断面構造にして、傷んだところを交換すれば1000年もつ。つまりメンテナンスコストを抑えられる。コンクリートは100年もたすのも大変だと言われますから、木は強い、しぶとい素材。木をもう一度、建築に取り戻していけたらと思っています」と。

　新国立競技場にCLTが取り入れられるかどうか、現時点では、はっきりしていませんが、CLT工法の活用は当然ありうるだろうとささやかれているそうです。

8．森林の現状とCLT新素材

　このように希望に満ちた木材の新たな活用に注目が集まっていますが、残念ながら、現実は手放しで喜べるほど楽観的ではありません。これまでご紹介した、先端集積材やバイオマス用のウッドチップは、なんといってもコストの問題が重くのしかかります。しかしCLTは工期を短縮できるので、他の建築材に充分対抗できますし、ウッドチップも木材の運び出しや運搬の工夫、言い換えれば高度な機械化やロボット化さえできれば、極めて安いものになる可能性があります。機械化によって作業能率が著しく向上した例を欧州（特にスウェーデン）に見ることができるそうです。

　コストの問題は克服できるだろうと千村さんは見ておられます。むしろ問題は、山林の所有者を探し出すことの困難さなのです。前にも記したように、登記や相続が明確でなかったり、特定できない場合は、日本では法律的に諦めざるを得ない場合が多いのですが、新たな森林の活用が、この問題でつまずくことは非常に大きな損失に違いありません。法改正を含め、新たな段階に入ったとみるべきではないでしょうか。

　いずれにしろ森林の課題を、私たちにのしかかる重荷ととらえるのか、それとも大きな希望ととらえるのかは、私たちの意識と洞察力にかかっています。多くの人々の知恵と経験によって、森林の未来が切り開かれるために、このささやかな小冊子が、その一端を担うことができれば望外の喜びです。

　　　　　　　　　　　監修　株式会社東日本土地開発
　　　　　　　　　　　作成　鳥影社編集部（文責　小野英一）

自然は無限のエネルギー源 ——森林のリサイクル	2016年11月13日初版第1刷印刷 2016年11月25日初版第1刷発行 編 集　鳥影社編集部 発行者　百瀬精一 発行所　鳥影社 (www.choeisha.com) 〒160-0023　東京都新宿区西新宿3-5-12トーカン新宿7F 電話 03(5948)6470, FAX 03(5948)6471 〒392-0012　長野県諏訪市四賀229-1(本社・編集室) 電話 0266(53)2903, FAX 0266(58)6771 印刷・製本　モリモト印刷
定価（本体500円+税）	
乱丁・落丁はお取り替えします。	ⓒ choeisha 2016 printed in Japan ISBN978-4-86265-579-0　C0061